AF592567

CADENCES
Parfaites

dans toutes les positions

pour servir

à l'Etude des modulations

PAR

PAUL ROY

Prix net 1f

PARIS, H. A. SIMON EDITEUR,
Bureaux du Journal L'ORPHEON Rue des Martyrs, 13

CADENCES PARFAITES

dans toutes les positions

POUR SERVIR À L'ÉTUDE DES MODULATIONS

L'étude des cadences parfaites a une importance de premier ordre. C'est le moyen le plus simple et le plus sûr de développer promptement le sentiment de l'harmonie.

On peut par l'emploi exclusif des cadences parfaites, qui ne contiennent que l'accord parfait majeur et l'accord parfait mineur, effectuer toutes les modulations sans aucune transition. Le sens musical de ces modulations étant toujours d'une clarté absolue, l'oreille prend rapidement l'habitude de distinguer non seulement les changements de ton, mais, de plus, les trois accords fondamentaux de chaque ton.

Il est nécessaire que l'élève se pénètre bien des principes suivants, afin d'être à l'abri de toute faute d'harmonie dans la succession des accords.

1° Toute note commune à deux accords successifs doit rester à la même partie.

2° Lorsqu'il n'y a pas de note commune entre deux accords (ce qui arrive dans la succession de l'accord de dominante à l'accord de sous-dominante, ou l'inverse) les trois parties supérieures doivent descendre si la basse monte, et monter si la basse descend.

3° Lorsqu'on veut lier ensemble les cadences de deux tons différents, il faut que la note supérieure du *dernier* accord de la première cadence soit semblable à la note supérieure du *premier* accord de la seconde.

On termine la première cadence par l'accord de tonique, si cet accord contient une note appartenant au ton de modulation; dans le cas contraire, on ne fait qu'une demi-cadence, c'est-à-dire qu'on s'arrête sur l'accord de dominante ou sur l'accord de sous-dominante. Enfin, lorsque les deux tons n'ont aucune note commune, on fait la liaison au moyen de deux notes enharmoniques.

Il est indispensable de savoir de mémoire les trois séries de cadences parfaites dans leurs trois positions avant de chercher à effectuer les modulations. Ces modulations ne devront être faites qu'avec des cadences non modifiées, à moins qu'on ne soit guidé par un maître.

1ère SÉRIE

CADENCES COMMENÇANT PAR L'ACCORD DE TONIQUE

(1) Les tons mineurs sont désignés par un astérisque: *LA, *MI, *SI, etc.

DO ♯
*LA ♯
FA
*RÉ
SI ♭
*SOL
MI ♭
*DO
LA ♭
*FA
RÉ ♭
*SI ♭
SOL ♭
*MI ♭
DO ♭
*LA ♭

2e SÉRIE

CADENCES COMMENÇANT PAR L'ACCORD DE SOUS-DOMINANTE

DO ♯
★LA ♯
FA
★RÉ
SI ♭
★SOL
MI ♭
★DO
LA ♭
★FA
RÉ ♭
★SI ♭
SOL ♭
★MI ♭
DO ♭
★LA ♭

3e SÉRIE

CADENCES COMMENÇANT PAR L'ACCORD DE DOMINANTE

DO #
*LA #
FA
*RÉ
SI ♭
*SOL
MI ♭
*DO
LA ♭
*FA
RÉ ♭
*SI ♭
SOL ♭
*MI ♭
DO ♭
*LA ♭

MODULATIONS

MODULATION AU TON VOISIN.

(1) La note supérieure du dernier accord de la première cadence est la même que la note supérieure du premier accord de la seconde.

(1) Le ton de *LA ♯* mineur n'ayant pas de note commune avec le ton de *FA* majeur, on opère la liaison par les deux notes enharmoniques *LA ♯* et *SI ♭*.

MODULATION À UN TON QUELCONQUE [1]

[1] Lorsqu'on veut moduler à un ton quelconque, le mieux est d'inscrire chaque ton sur un petit morceau de carton. On les prend au hasard, successivement, et l'on est sûr de n'en pas oublier.

LA
*SI ♭
Demi-cadence.
*DO ♯
SI ♭
*SOL ♯
DO ♭
SOL
Demi-cadence.
*LA ♭
Demi-cadence.
*RÉ
SI
*SOL
*RÉ ♯
LA ♭
DO ♯
*MI ♭
*FA ♯
MI

MODIFICATIONS PRINCIPALES DE LA CADENCE PARFAITE

On transposera les exemples suivants dans tous les tons majeurs et mineurs.

1. La tonique substituée à la sous-dominante et à la dominante dans la basse.

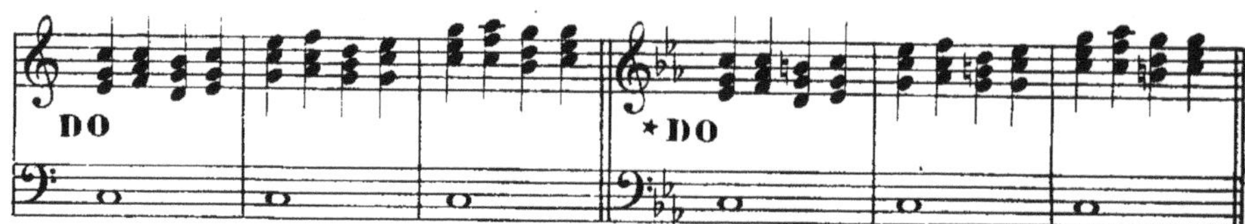

2. La sixte substituée à la quinte dans l'accord de sous-dominante.

3. La sixte ajoutée à la quinte dans l'accord de sous-dominante

4. La septième substituée à la quinte dans l'accord de dominante.

5. Réunion des modifications de dominante et de sous-dominante.

6. L'accord de sous-dominante modifié devenant par le renversement accord du second degré.

7. L'accord de sous-dominante modifié devenant par le renversement accord de septième du second degré.

8. Toutes les cadences précédentes peuvent se faire en accords brisés.

9. Appoggiatures et altérations.— Ce dernier exemple n'est donné que pour faire entrevoir une nouvelle voie à parcourir. Des notions d'harmonie deviennent ici indispensables.

FIN.

Paris, Imp. Delay, rue Rodier, 49

DU MÊME AUTEUR

PRINCIPES ÉLÉMENTAIRES DE L'ART MUSICAL

ENSEIGNEMENT RATIONNEL DE LA MUSIQUE

Ouvrage honoré d'une souscription du Ministère de l'Instruction publique.

PREMIÈRE PARTIE

Théorie rationnelle de la Musique.
Tonalité.
Constitution du ton.
Principes de la Méthode.

Prix net: 5f ».

SECONDE PARTIE

COURS DE MUSIQUE VOCALE

divisé en trois lettres.

Lettre **A**.

SECTION I Lecture et Rhythme.

SECTION II Intonation.

SECTION III { Abrégé des principes de la Musique. Exercices théoriques journaliers.

Prix net: 3f » — Cartonné 3f50c

SOUS PRESSE:

lettres **B** et **C**.

PARIS, H. A. SIMON, ÉDITEUR
Bureaux du Journal *L'ORPHÉON*, rue des Martyrs, 13

www.ingramcontent.com/pod-product-compliance
Ingram Content Group UK Ltd.
Pitfield, Milton Keynes, MK11 3LW, UK
UKHW020542180726
13839UKWH00006B/2679